¡Saludos, osos pardos!

1

LOS OSOS PARDOS

QUINN M. ARNOLD

CREATIVE EDUCATION | CREATIVE PAPERBACKS

¿QUIÉN QUIERE UN ABRAZO DE OSO?

Índice

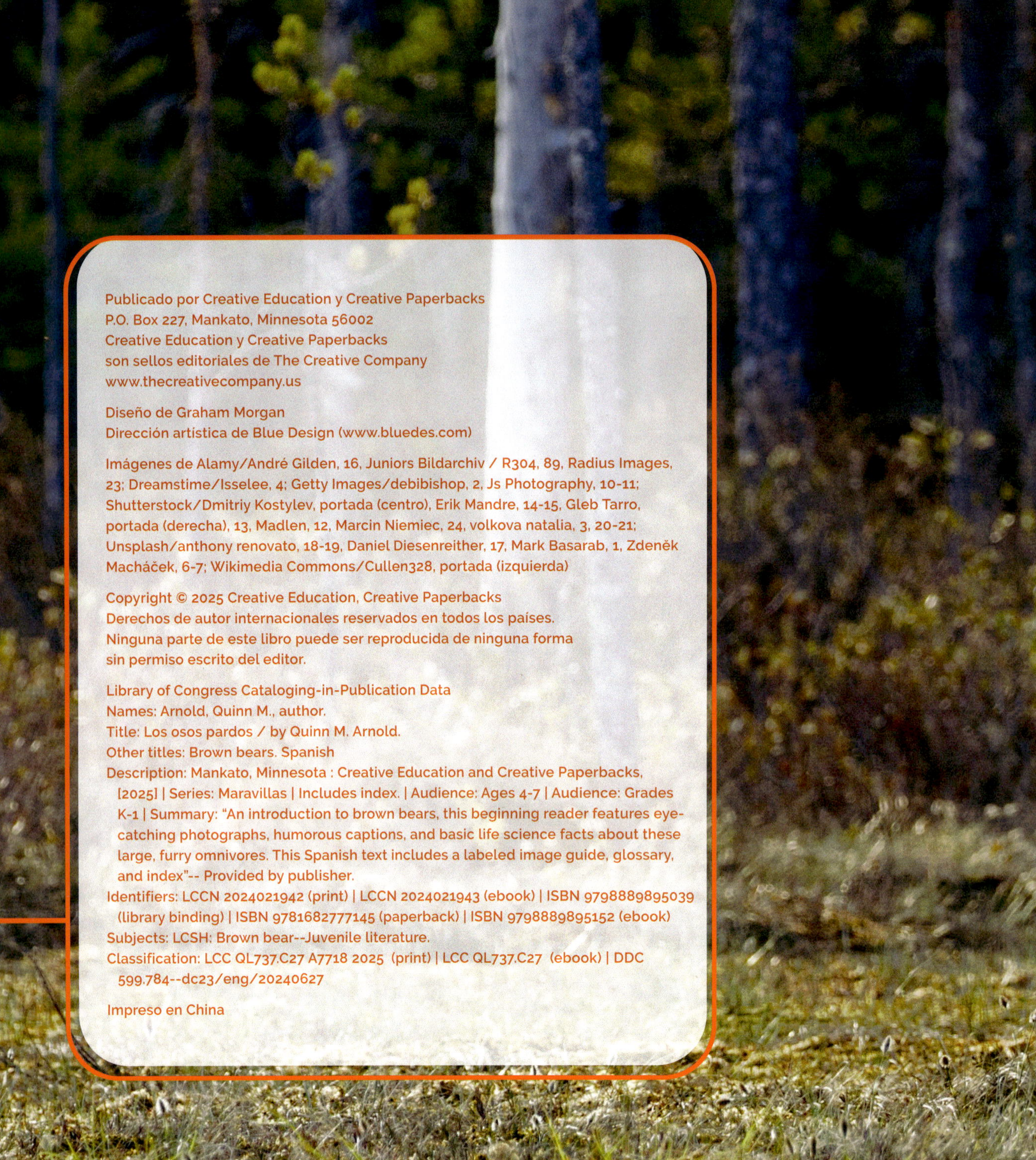

Publicado por Creative Education y Creative Paperbacks
P.O. Box 227, Mankato, Minnesota 56002
Creative Education y Creative Paperbacks
son sellos editoriales de The Creative Company
www.thecreativecompany.us

Diseño de Graham Morgan
Dirección artística de Blue Design (www.bluedes.com)

Imágenes de Alamy/André Gilden, 16, Juniors Bildarchiv / R304, 89, Radius Images, 23; Dreamstime/Isselee, 4; Getty Images/debibishop, 2, Js Photography, 10-11; Shutterstock/Dmitriy Kostylev, portada (centro), Erik Mandre, 14-15, Gleb Tarro, portada (derecha), 13, Madlen, 12, Marcin Niemiec, 24, volkova natalia, 3, 20-21; Unsplash/anthony renovato, 18-19, Daniel Diesenreither, 17, Mark Basarab, 1, Zdeněk Macháček, 6-7; Wikimedia Commons/Cullen328, portada (izquierda)

Library of Congress Cataloging-in-Publication Data
Names: Arnold, Quinn M., author.
Title: Los osos pardos / by Quinn M. Arnold.
Other titles: Brown bears. Spanish
Description: Mankato, Minnesota : Creative Education and Creative Paperbacks, [2025] | Series: Maravillas | Includes index. | Audience: Ages 4-7 | Audience: Grades K-1 | Summary: "An introduction to brown bears, this beginning reader features eye-catching photographs, humorous captions, and basic life science facts about these large, furry omnivores. This Spanish text includes a labeled image guide, glossary, and index"-- Provided by publisher.
Identifiers: LCCN 2024021942 (print) | LCCN 2024021943 (ebook) | ISBN 9798889895039 (library binding) | ISBN 9781682777145 (paperback) | ISBN 9798889895152 (ebook)
Subjects: LCSH: Brown bear--Juvenile literature.
Classification: LCC QL737.C27 A7718 2025 (print) | LCC QL737.C27 (ebook) | DDC 599.784--dc23/eng/20240627

Impreso en China

Los osos pardos son grandes. Sus hombros fuertes forman una joroba. Muchos osos pardos viven en los bosques.

SHHH... ESTOY DURMIENDO.

Los grandes osos pardos tienen **pelaje** grueso. Puede ser de color café claro a negro. Les mantiene calientes cuando **hibernan**.

Los osos pardos pueden recordar muchas cosas. Saben dónde encontrar guaridas. Saben dónde encontrar comida.

¡UN HAPPY MEAL, POR FAVOR!

Los osos comen muchas plantas y la hierba. También comen carne. Los osos pardos capturan peces con sus dientes afilados y sus garras.

¿MÍA?
¡MÍA!

FAVORITO DE MAMÁ

Las crías del oso se llaman oseznos. Los oseznos se suben a los árboles. Viven con su madre.

Los osos pardos olfatean el aire. Pescan en el río.

¿POR QUÉ TIENEN QUE IRSE?
¡Adiós, osos pardos!

[Imagina un oso pardo]

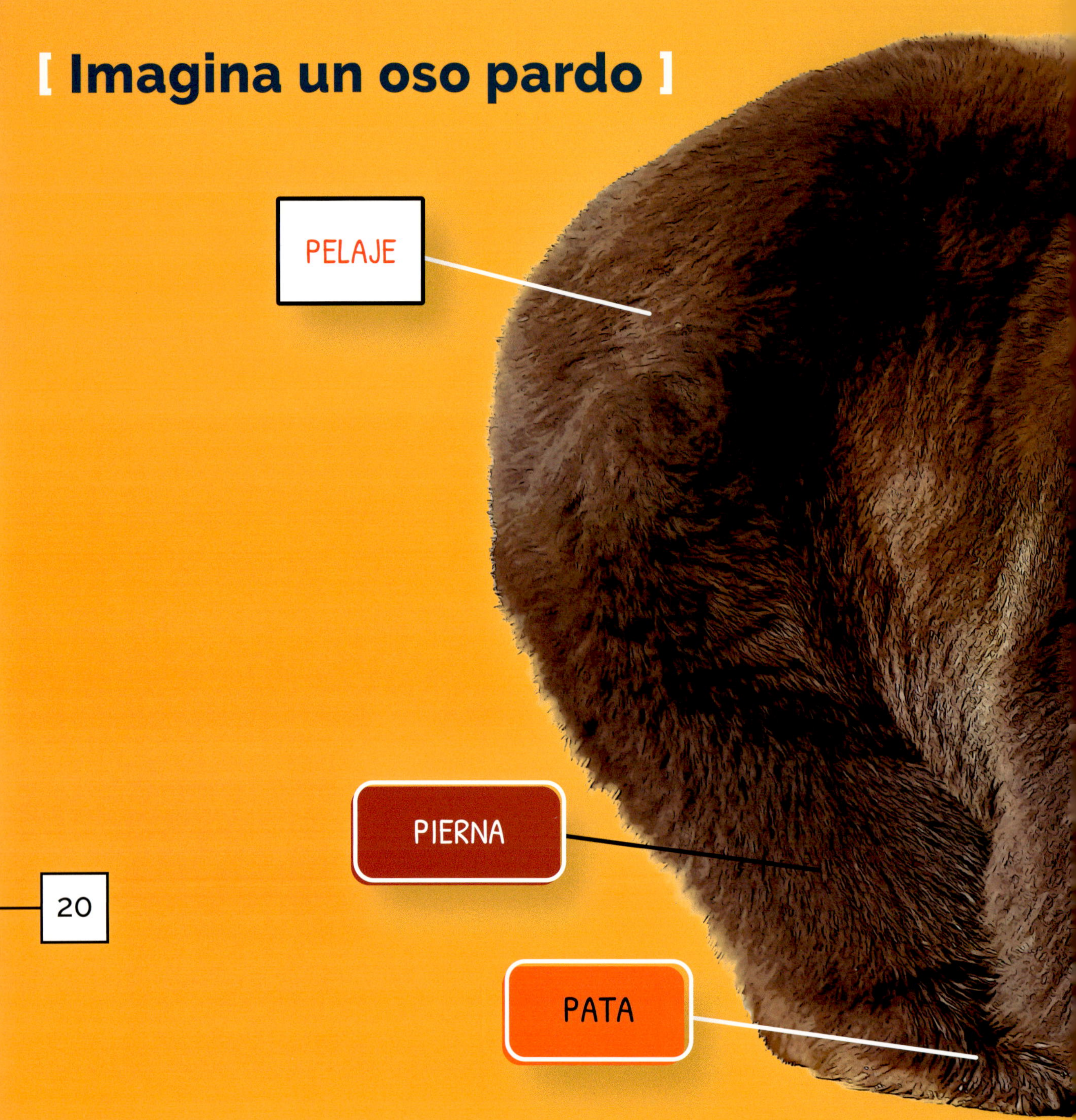

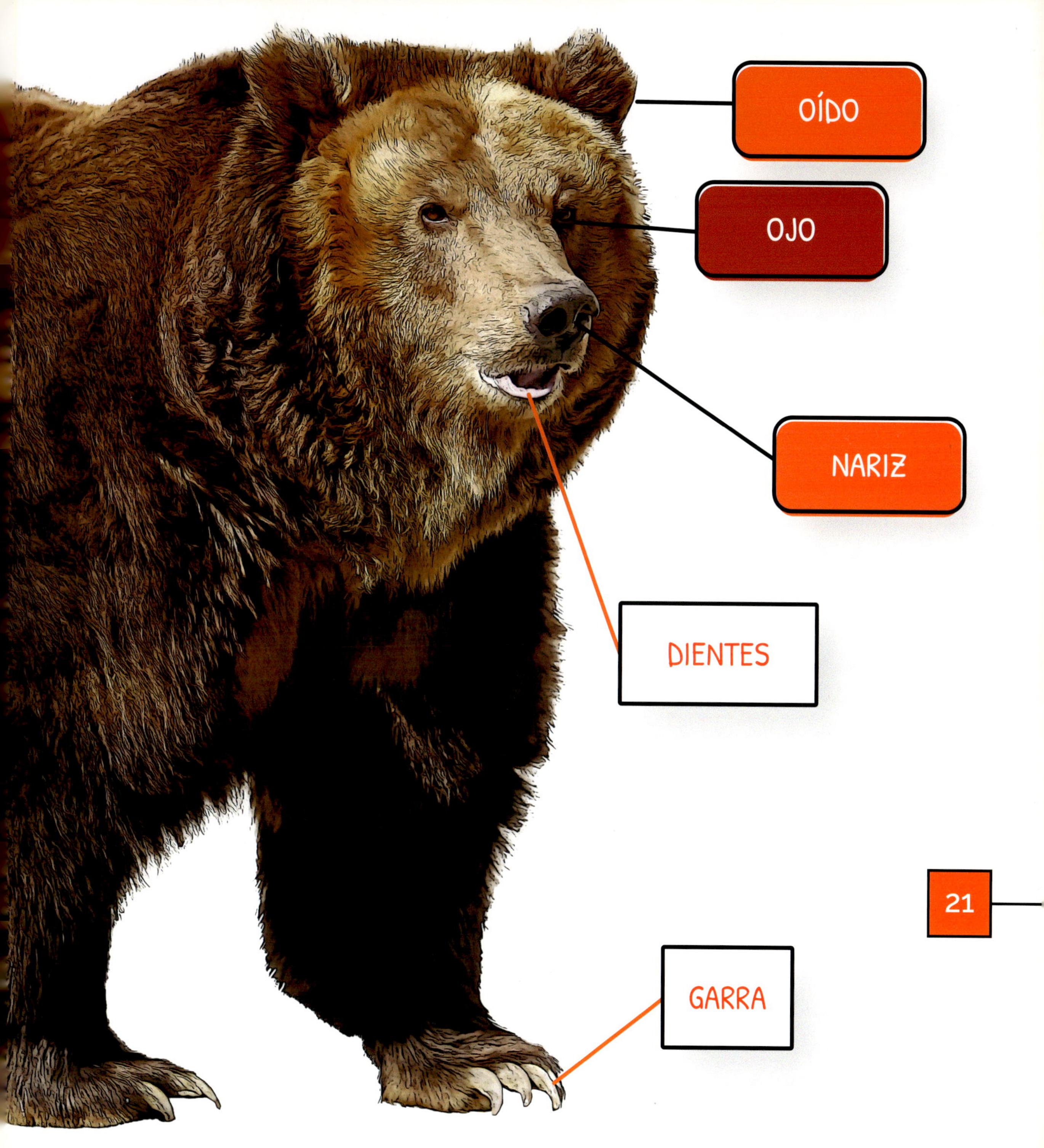
OÍDO
OJO
NARIZ
DIENTES
GARRA

PALABRAS QUE DEBES CONOCER

guarida: espacio cerrado, como una cueva, donde hibernan los osos

hibernar: pasar el invierno durmiendo

pelaje: pelo corto y peludo que cubre a un animal

ÍNDICE